INVENTAIRE
V 6711

AF500268

EXERCICES
SUR LA
PHYSIQUE
GENERALE ET PARTICULIERE,

Sur le Calcul différentiel & intégral, ſur la Méchanique, l'Aſtronomie, la Gnomonique, le Calendrier, l'Economie Animale, la Chymie & la Phyſique Expérimentale.

Dans la Salle des Actes du College d'Amiens, depuis quatre heures d'après midi jusqu'a ſix.

Le Lundi 11 Août 1777,

En préſence & ſous les auſpices de MONSEIGNEUR *& Meſsieurs Administrateurs du College d'Amiens*

Par *Honoré* TEMPEZ, *de Bouquemaiſon.*
Louis PETIT, *Tonſuré, d'Acquet.*
Charles-André DELIGNIERES, *Tonsuré, de Chepy en Vimeu.*

A AMIENS,
De l'Imprimerie de L. C. CARON, rue & vis-à-vis St. Martin.

M. DCC. LXXVII.

CEs Exercices seront terminés par une suite raisonnée d'Experiences curieuses & intéressantes sur ce qu'on appelle l'Air fixe, l'Air nitreux, l'Air inflammable, l'Air phlogistiqué & dephlogistiqué... &c. genre d'Experiences tout-à-fait nouveau, qui est plus merveilleux peut-être & certainement cent fois plus fécond en applications utiles à l'humanité que toutes celles qu'on a faites jusqu'à présent sur la Lumiere, sur le fluide Magnetique, sur le fluide Electrique... &c. genre d'Experiences varié à l'infini qui ouvre un champ immense à des recherches nouvelles & sublimes, aux découvertes les plus avantageuses, aux succès les plus brillans; genre d'Experiences nullement difficile & dispendieux, mais à la portee de tout le monde, qui est plus du ressort de la Chymie que de la Physique expérimentale où il a pris naissance, & qui va unir d'un lien vraiment indissoluble ces deux sciences à la Physique proprement dite; genre d'Experiences enfin qui fera époque & révolution dans l'etude de la nature, & démontrera à jamais la sagesse & la nécessité des préceptes que donnoit, il y a cent cinquante ans, le grand Bacon dans son *Instauratio magna.*

Quamobrem, si qua est ergà Creatorem humilitas, si qua operum ejus reverentia & magnificatio, si qua charitas in homines, si ergà necessitates & ærumnas humanas revelandas studium, si quis amor veritatis in naturalibus & odium tenebrarum & intellectûs purificandi desiderium; orandi sunt homines iterùm atque iterùm, ut missis philosophiis istis volaticis & præposteris, quæ theses hypothesibus anteposuerunt & experientiam captivam duxerunt, atque de operibus Dei triumpharunt, submisse, & cum veneratione quâdam, ad volumen creaturarum obvolvendum accedant; atque in eo moram faciant, meditentur, & ab opinionibus abluti & mundi, castè & integrè versentur. -- in Interpretatione ejus eruendâ nulli operæ parcant, sed strenuè procedant, persistant, immoriantur.

A

MONSEIGNEUR

ET

MESSIEURS ADMINISTRATEURS DU COLLEGE D'AMIENS;

Comme une foible marque de la très-vive reconnoissance & du respect très-profond, dont seront toujours pénétrés envers leurs premiers Bienfaiteurs

HONORÉ TEMPEZ, *de Bouquemaison.*
JEAN-LOUIS PETIT, Tonsuré, *d'Aquet.*
CHARLES-ANDRÉ DELIGNIERES, Tonsuré, *de Chepy en Vimeu.*
ET TOUTE LA CLASSE DE PHYSIQUE.

ÉXERCICES DE PHYSIQUE.

PRÉLIMINAIRES.

DE L'ALGEBRE INFINITÉSIMALE.

NOUS appellons de ce nom le calcul différentiel & le calcul intégral. Le premier descend de l'expression des quantités variables à celle de leur élément, de leur accroissement ou de leur diminution instantanée ; le second remonte de l'expression de cet élément à celle des quantités mêmes. Nous dirons de vive voix quelque chose de l'origine & de la métaphysique du calcul différentiel, de ce nouveau genre de calcul qui honorera à jamais Newton & Leibnitz, & qui, a en juger par le peu que nous avons vu, est tout-à-fait merveilleux & très-digne que nous y revenions un jour. Sait-on une fois que $d'(a + bx - cy) = 0 + bdx - cdy$; & que $d'xy = xdy + ydx$; bientôt on saura différentier une quantité algébrique, quelle qu'elle soit xyz, x^{m}, $\frac{x}{y}$, $\sqrt[m]{x^{n}}$, $\sqrt[n]{acx - x^{m}}$ ... &c. bien facilement alors démontrera-t-on la formule du binôme de Newton, que nous présentons ensuite, pour la commodité du calcul, sous cette forme $\overline{a+b}^{m} = a^{m} + \frac{mPb}{a} + \frac{m-1}{2}\frac{Pb}{a} + \frac{m-2}{3}\frac{Pb}{a}$ ... &c.

DE LA MÉTHODE DIRECTE DES TANGENTES.

Le triangle de Barrow nous a donné la formule générale des Sous-tangentes $\frac{y\,dx}{dy}$ & celle des Sous-normales $\frac{y\,dy}{dx}$. A l'aide de ces Formules, nous trouvons aisément ce que valent la Sous-tangente & la Sous-normale dans la Parabole, dans le Cercle, l'Ellipse, l'Hyperbole aux axes & aux Asymptôtes, dans ces courbes élevées à un ordre supérieur, & dont l'équation générale seroit $\left(\frac{by}{a}\right)^{m+n} = a \pm x^{m} X x^{n}$.

DE LA MÉTHODE DE MAXIMIS ET DE MINIMIS.

Entr'autres problêmes de ce genre, voici ceux qu'il nous a été donné de résoudre. De *Maximis*, 1°. trouver la plus grande ordonnée au cercle, à l'ellipse, aux cercles & aux ellipses des genres supérieurs ; 2°. sur une ligne

donnée, construire le plus grand triangle-rectangle possible : 3°. couper un nombre quelconque en deux parties telles que le produit des puissances données de ces parties, soit le plus grand de tous. De *Minimis*, 1°. d'un point pris dans l'axe ou hors de l'axe d'une courbe quelconque, déterminer la ligne la plus courte qu'il soit possible de conduire à cette courbe : 2°. dans un angle donné & par un point aussi donné de position, faire passer une ligne qui fasse avec les deux côtés de cet angle le plus petit triangle possible ; 3°. trouver l'angle le plus petit que puissent former les diametres conjugués d'une ellipse : 4°. déterminer l'angle des lozanges que les abeilles doivent former, & forment en effet pour clorre leurs alvéoves, en leur donnant, avec la plus petite dépense possible de cire, la plus grande capacité possible.

DU CALCUL INTÉGRAL.

Ce calcul va tout au rebours du calcul différentiel. Nous en avons vu les loix les plus élémentaires & quelques usages que voici. L'intégrale de l'élément $y\,dx$ nous a donné la surface du triangle, celle de la parabole, des paraboles des genres supérieurs, du cercle de l'ellipse de l'hyperbole ; enfin de la famille des hyperbolles rapportées aux asymptotes. $\frac{S \cdot cy}{r} \sqrt{dx^2 + dy^2}$ nous a fourni la valeur des surfaces courbes du cône & de la sphere ; $S \frac{cy^2dx}{2r}$, la cubature du cône, de la sphere, du paraboloïde, de l'ellipsoïde, du fuseau & du chapeau hyperbolique. A peine avons-nous vu quelque chose de la rectification des courbes & de la *méthode inverse des tangentes* .... &c.

DU CALCUL DES LOGARITHMES.

Ce calcul est toujours utile & très-souvent nécessaire, dans les recherches de longue haleine ou de profonde spéculation. C'est pourquoi nous n'avons pu nous refuser à la tentation d'en voir la nature, l'origine, les principes, l'excellence & quelques usages. Nous avons aussi appris à construire les tables ordinaires des logarithmes en procédant ainsi. Donnons-nous le long d'une asymptote hyperbolique des abcisses qui soient en progression géométrique, les espaces asymptotiques correspondans, en seront les logarithmes. En ce cas, $ydx = d.lx$; & conséquemment, $\frac{Adx}{x} = d'lx$ faisant $x = \frac{1+z}{1-z}$, alors $d'lx = 2\,A\,dz \times \overline{1 + z^2 + z^4 + z^6} \ldots$ donc $lx = 2\,A \times \overline{z + \frac{z^3}{3} + \frac{z^5}{5}}$: donc le même nombre x peut avoir une infinité de logarithmes différens. Faisons d'abord le module $A = 1$, nous aurons $lx = 2 \times \overline{z + \frac{z^3}{3} + \frac{z^5}{5}} \ldots$ Avec cette formule, nous calculerons aisément les logarithmes hyperboliques des nombres premiers ; & ces premiers logarithmes une fois trouvés, nous fourniront plus facilement encore les logarithmes de tous les autres nombres. Ainsi aurons-nous la suite des *logarithmes naturels* de Nepper, que nous rappellerons après aux *logarithmes tabulaires* de Briggs..... pour sentir l'utilité des tables des logarithmes, il nous a suffi d'avoir à répondre aux questions suivantes :

1°. Est-il vrai qu'un Particulier qui jouiroit aujourd'hui de 20000 liv. de rente, doive jouir au bout de 100 ans, d'une rente de plus de 236000 liv. supposé que, par une administration économe de ses revenus, il les augmente chaque année d'un quarantieme seulement ?

2°. Est-il vrai que des seuls trois enfans de Noé & de leurs trois femmes, ait pu sortir un milion d'hommes au bout de 200 ans, supposé que le genre humain se fût accru d'un seizieme tous les ans ? La santé robuste & les longs jours de nos premiers parens, nous permettent de faire pour ces temps-là une pareille supposition.

3°. Supposé que la population augmentât dans cette Province d'un centieme tous les ans, est-il vrai qu'à chaque époque de 231 ans, le peuple dut s'y trouver dix fois plus nombreux qu'à l'époque précédente ?

4°. Est-il vrai que ce Royaume se trouveroit, au bout de 100 ans, deux fois plus peuplé qu'il ne l'est actuellement, si la population y augmentoit seulement d'un cent quarante-quatrieme tous les ans ?

5°. On a tiré d'un tonneau une pinte de vin, que l'on a remplacée par une pinte d'eau. On a tiré de ce tonneau, ainsi rempli, une seconde pinte, que l'on a encore remplacée par une nouvelle pinte d'eau, & ainsi de suite jusqu'à ce que le vin qui restoit dans le tonneau, ait été réduit au tiers de ce qu'il y avoit d'abord. Combien de pintes a-t-il fallu tirer pour cela ?

6°. Combien restoit-il de soldats à ce brave Commandant qui, soutenant le siege d'une place serrée de près depuis long-temps, écrivoit à un Ingénieur de ses amis : le nombre de soldats qui me restent, divisés par celui des Officiers, donnera pour quotient un nombre double de celui des Officiers eux-mêmes ; & si vous calculez autant de termes de cette progression 1 : 2 : 4... qu'il y a d'Officiers dans la place : le dernier terme vous donnera le nombre des soldats qui me reste.

7°. En supposant, avec M. Bouguer, que dix pieds d'eau de mer affoiblissent la lumiere dans le rapport de 5 : 2, comment prouve-t-on qu'à la profondeur d'environ 311 pieds en mer, la lumiere du soleil est 300,000 fois plus foible qu'à la surface de la terre, & par conséquent qu'elle est aussi foible, aussi peu intense que la lumiere qui est réfléchie par la pleine lune.

PHISIQUE GÉNÉRALE.

On peut réduire toute la Physique générale à deux points, qui sont la connoissance de la Matiere, & celle du Mouvement.

DE LA MATIERE.

EN quoi consiste précisément l'essence de la matiere ? Question métaphysique trop au-dessus de nos forces, pour que nous essayions de la résoudre. La matiere de tous les corps est-elle homogene ? C'est aux Chymistes à répondre ici, & sans doute ils seront encore long-temps à le faire. Quelles sont du moins les propriétés de la matiere ? Il en est de deux sortes. Les unes, que nous appellons *qualités méchaniques*, existent véritablement dans tous les corps ; telles sont l'étendue, la figure, la solidité, la porosité, la divisibilité. . . . Nous en parlerons dans la Physique expérimentale. Les autres, connues sous le nom de *qualités sensibles*, n'appartiennent point en propre à la matiere, & cependant nous les attribuons à tous les corps. De ce genre sont les couleurs, les sons, les odeurs, les saveurs. . . . Elles n'existent que dans notre ame, & nullement dans les objets. De leur union se forme, au dedans de nous-mêmes, un spectre singulier, qui est sans étendue, sans dimension, & qui cependant est tout-à-la-fois & tout entier, peint de mille couleurs différentes, froid, chaud, doux, amer. . . . Lorsque je promene, par exemple, mes regards sur une vaste campagne, Dieu affecte mon ame de mille sensations différentes ; & je puis dire, avec vérité, que mon ame voit sa propre substance, là & par-tout où elle voit de la lumiere & des couleurs ; c'est en elle-même qu'elle voit le jaune, le verd, le blanc, le violet. . . . l'émail des prairies, l'azur des cieux, en un mot, le spectacle ravissant de cet univers. . . . Mais bientôt, par un préjugé dont les Physiciens ont jusqu'à présent cherché vainement la cause, elle se dépouille de toutes les couleurs qui la modifient ; les répand sur les objets qu'elle considére, & donne à ces couleurs des dimensions qu'elles n'ont point : ces dimensions imaginaires sont exactement les mêmes que les dimensions réelles des corps qui sont autour de moi ; & c'est ainsi que j'entre en relation avec tout ce qui m'environne. On peut raisonner à-peu-près de même sur les autres sensations. Tout ceci demande des preuves & des développemens que nous ne pouvons donner que de vive voix.

DU MOUVEMENT.

LE monde visible une fois créé, Dieu le conserve & le renouvelle sans cesse par les loix les plus simples & les plus universelles : ces loix sont celles du mouvement tant *virtuel* que *réel* ; d'où la *Statique* & la *Dinamyque* sous le nom général de *Méchanique*. Ici donc se présentoit à nos recherches une théorie aussi étendue que savante ; mais nous l'avons remise à un autre temps, & nous avons cru que c'étoit assez, pour le présent, de voir les loix du mouvement simple & uniforme, les loix du mouvement uniformément accéléré, les loix du mouvement autour d'un centre. . . . les loix du mouvement réfracté, & celle du mouvement réfléchi. . . . les loix du choc direct des corps durs & des corps élastiques. Relativement à ceux-ci, nous avons démontré en passant, 1°. Que la somme des forces vives est la même après qu'avant le choc ; 2°. que pour avoir un *maximum* de vitesse communiquée de proche en proche, il faut une serie de corps élastiques décroissants en progression géométrique.

DE L'ÉQUILIBRE DANS LES MACHINES.

NOUS avons aussi entamé quelque chose du *mouvement virtuel*, c'est-à-dire, de l'équilibre dans les machines, soit simples, soit composées. Abstraction faite du frottement des corps, du poids des matieres employées, & de la roideur des cordes, nous savons maintenant qu'il *y aura équilibre toutes les fois que la puissance sera à la résistance* dans *le levier*, en raison inverse des perpendiculaires abaissées du point d'appui sur les directions de la puissance & de la résistance, pourvu que ces directions & celle du point d'appui soient toutes trois dans un même plan....

Dans *la poulie de renvoi*, comme l'unité est à l'unité.... Dans *la poulie mobile*, comme le sinus de la moitié de l'angle formé par la direction des cordes est au sinus de l'angle entier, &, par conséquent, comme le rayon de la poulie est à la soustendante de l'arc enveloppé par la corde, & lorsque les directions sont paralelles :: 1 : 2....

Dans *le tour*, treuil & cabestan, comme le rayon de l'axe ou du tambour est à celui de la grande roue ou du levier qui en fait l'office....

Sur *le plan incliné*, comme la perpendiculaire abbaissée du point de contact sur la direction verticale de la résistance est à la perpendiculaire tirée du même point de contact sur la direction de la puissance : & conséquemment lorsque la direction de la puissance est la plus avantageuse possible, c'est-à-dire, paralelle au plan, comme la hauteur du plan est à sa longueur....

Dans *la vis*, comme la hauteur du pas est à la circonférence décrite par l'extrémité du levier employé à faire tourner la vis.

Dans *les moufles*, lorsque les cordes sont pararelles, comme l'unité est au nombre des cordes qui tirent la moufle mobile.

Dans *un systême des poulies mobiles* égales & soutenues séparément, les cordes étant paralelles, comme l'unité est à 2 élevé à la puissance qui exprime le nombre des poulies mobiles.

Dans *le cric simple*, comme le rayon du pignon est au bras de la manivelle.

Dans *le cric composé*, ainsi que dans les roues dentées, comme le produit des rayons des pignons, & au produit des rayons des grandes roues....

Dans *la vis sans fin*, comme le rayon du cylindre multiplié par la hauteur du pas de la vis, est au rayon de la roue multiplié par la circonférence que décrit la puissance appliquée à la manivelle....

Et nous avons fait, en passant, quelques remarques sur les différentes especes de leviers, sur la balance ordinaire, sur la balance romaine, le peson danois, la vis d'Archimede, mais sur tout sur la balance arithmétique, &c. &c.

PHYSIQUE PARTICULIERE.

Nous comprenons, sous ce titre, la connoissance des cieux, celle du corps humain, celle enfin du globe que nous habitons ; d'où l'Astronomie, l'Economie animale, la Chymie, & la Physique expérimentale.

DE L'ASTRONOMIE OPTIQUE.

L'ASTRONOMIE est la science du mouvement des astres, de leur situation, de leur distance & de leur grandeur. Les mouvemens que l'on croit remarquer dans les astres, sont-ils réels, ne sont-ils qu'apparens ? Pour répondre ici, on a imaginé plusieurs systêmes. Les principaux sont celui de Ptolomée, celui de Copernic & celui de Ticho-Brahé. Le premier & le dernier de ces systêmes nous paroissent insoutenables. Il n'en est pas de même de celui de Copernic, que nous embrassons volontiers, à cause de sa simplicité, & parce qu'il satisfait tellement aux observations astronomiques, qu'il paroît être moins une hypothese, que la découverte de la construction réelle de l'univers. Quoi de plus facile que d'expliquer, dans ce système, le mouvement journalier & périodique du soleil, celui des planettes, des cometes & de tout le firmament, l'accélération des étoiles, la précession des équinoxes, l'inégalité des jours, la différence des saisons, les phases de la lune, de vénus; de mercure... les stations, les directions & rétrogradations des planettes, soit supérieures, soit inférieures.

Après avoir considéré les différentes situations de la lune, par rapport au soleil, ses diverses phases & les circonstances de temps & de lieux dont elles sont accompagnées, nous avons cherché quelle pouvoit être en général la cause des éclipses.... &, sans trop approfondir la théorie qui se présentoit à nous, & qui seule nous auroit occupés pendant plusieurs mois, nous nous sommes contentés d'apprendre 1°. pourquoi il n'y a point (comme on se le persuade d'abord, & comme il arrive à l'égard des trois premiers satellites de jupiter) éclipse de soleil à chaque nouvelle lune, & éclipse de lune, toutes les fois que celle-ci est pleine; 2°. pourquoi dans une année trois éclipses de lune ou de soleil, & dans une autre, aucune absolument; 3°. pourquoi, les éclipses de soleil pouvant être plus fréquentes que les éclipses de lune, nous voyons souvent celles-ci, rarement celles-là; 4°. pourquoi l'ombre de la lune, lors d'une éclipse de soleil, parcourt, sur la surface de la terre, douze lieues ou environ, dans l'espace d'une minute, &, par conséquent, va quatre fois plus vîte qu'un boulet de canon; 5°. pourquoi les circonstances de l'immersion, & par conséquent celles de l'émersion, sont différentes par rapport à la lune, & différentes par rapport au soleil; 6°. comment on s'y prend pour mesurer la longeur du cône d'ombre formé par la terre, & le diamettre qu'il a à la distance de la lune; 7°. pourquoi une éclipse de lune peut rester totale pendant deux heures, & durer en tout quatre heures; au contraire, pourquoi l'éclipse du soleil n'est jamais totale pendant plus de cinq minutes, & ne dure guerre plus de deux heures en tout; 8°. pourquoi enfin, lors d'une éclipses de lune, le soleil & la lune paroissent quelquefois tous deux sur l'horizon. Nous avons vu quelque chose des parallaxes; qu'entend-on par-là? Y a-t-il plusieurs especes de parallaxes? Toutes les planettes ont-elles des parallaxes de hauteur? Comment s'y prend-on pour les découvrir? Quels en sont les usages? Comment détermine-t-on les distances de la lune à la terre; de la terre, au soleil; du soleil aux autres planettes? Comment trouve-t-on les diametres des planettes, & leur rapport avec celui de la terre? Comment en infère-t-on les surfaces & les solidités de la lune, du soleil, de vénus, de mars, de jupiter & de saturne? Comment détermine-t-on en temps moyen, les révolutions périodiques des planettes supérieures, & les révolutions synodiques des planettes inférieures? Comment prouve-t-on que la lune, vénus, le soleil, mars & jupiter ont un mouvement de rotation sur leur axe?

DE LA GNOMONIQUE.

LA Gnomonique est l'art de faire des cadrans. Faire un cadran, c'est représenter sur un plan, par l'ombre d'un style, ou autrement, la marche du soleil, le cours des heures, & la suite du temps. Veut-on entendre la pratique des cadrans? Il faut nécessairement se rappeller les principes qui concernent l'intersection des plans; il faut se représenter le lieu & la situation respective des grands & petits cercles de la sphere; reconnoître ces deux vérités, l'une tirée de l'optique, que l'ombre contrefait exactement tous les pas de la lumiere, & l'autre déduite des observations astronomiques, qu'il y a une telle distance de la terre au soleil qu'on peut, considérer, dans ce rapport, notre globe entier comme un point, & conséquemment qu'on peut sans erreur sensible, prendre l'extrémité d'un style, ou la boule au tour de laquelle on observe la révolution du soleil, pour la terre elle-même, & pour le centre commun de tous les grands cercles de sa sphere. Nous avons appris à tracer une méridienne, à y marquer l'entrée du soleil dans les douze signes du zodiaque, à connoître la hauteur du pole, l'élévation de l'équateur sur l'horizon, la déclinaison & l'inclinaison d'un plan quelconque. Quant à la construction des cadrans eux-mêmes, rien de plus facile que la description géométrique du cadran équinoxial, & rien aussi de plus propre à mettre en évidence la théorie & la pratique des autres cadrans: nous nous sommes donc servis de ce cadran élémentaire dans la construction du cadran oriental ou occidental.... dans celles du cadran polaire, du cadran horisontal, & du cadran méridional ou septentrional. Il est très-rare de rencontrer des plans qui répondent exactement à l'un des quatre point cardinaux. Presque toutes nos murailles déclinent du midi ou du septentrion, vers l'orient ou vers l'occident. C'est pourquoi nous nous sommes arrêtés sur la pratique des cadrans qu'on appelle *irréguliers*. Enfin, les plans sur lesquels on opere, sont-ils déclinans & inclinés ? nouvelle difficulté sans doute, & que nous avons encore essayé de résoudre, toujours fondés sur la théorie lumineuse du cadran équinoxial. Le temps ne nous a point permis de pousser plus loin nos recherches gnomoniques, & nous avons fini par l'examen d'une espece de cadran universel, le meilleur en son genre, & auquel on a donné le nom d'*anneau astronomique.*

DU CALENDRIER.

ON appelle Calendrier cette distribution de tems que les hommes ont accommodée à leurs usages. Les parties élémentaires du tems sont les heures, les jours, les semaines, les mois & les années ; on y a encore ajoûté, à divers reprises, le cycle solaire, le nombre d'or, les épactes, autrefois les olympiades, les lustres, depuis, l'indiction romaine, la période de Denis le Petit, la période julienne, le nouveau cycle lunaire, la période louise. . . . On distingue encore aujourd'hui les heures astronomiques, babiloniennes, italiques & communes ; le jour artificiel ; naturel, civil & astronomique . . . . . les semaines hébraïques & chrétiennes ; les mois lunaires & solaires, astronomiques & civiles. . . . les années lunaires & solaires, tropiques & civiles, communes & bissextiles, juliennes & grégoriennes ; la grande année des Egyptiens, celle des Mahométans . . . . toutes différences qui annoncent une diversité, plus ou moins grande, dans le Calendrier des différentes nations de la terre. Nous nous sommes appliqués particuliérement à connoître le Calendrier Romain, le seul qui soit en usage parmi nous : nous en avons vu avec plaisir l'origine, la construction & les changemens faits successivement par Numa-Pompilius, par Jules-César ; & enfin par les soins de Denis le Petit, dans le sixieme siecle de l'ere chrétienne. Ce dernier croyoit avoir fixé sans retour, & pour la suite des siecles, les nouvelles lunes de Mars, & par ce moyen, le tems auquel on devoit célébrer la Pâques, selon l'intention du Concile de Nicée. Il se trompoit ; la précession des équinoxes, & celle des nouvelles lunes, causoient deux erreurs sensibles. Le souverain Pontife Grégoire XIII résolut de corriger pour le présent, & de prévenir, pour la suite, l'une & l'autre erreur. C'est pourquoi, 1°, il retrancha dix jours au mois d'Octobre 1582, & statua que désormais, les quatre centiemes années demeurant bissextiles, les trois premieres années centenaires ne le seroient plus, à commencer en 1700 inclusivement. 2°. il substitua au nombre d'or le cycle des épactes, qui concile heureusement la métemptose avec la proemptose, comme il est aisé de s'en assurer, en jettant un coup d'œil sur la table étendue des épactes. Ainsi devint perpétuel, autant qu'on pouvoit le désirer, le Calendrier dont nous nous servons actuellement, & si connu sous le nom de *Calendrier Grégorien.*

Ces notions, & autres semblables, une fois reçues, il sera facile de résoudre les problêmes suivans.

1°. L'année de l'ere chrétienne étant donnée, trouver le cycle solaire, le nombre d'or, l'indiction romaine, l'année de la période victorienne & julienne, du nouveau cycle lunaire.

2°. L'année de la période victorienne, ou de la période julienne, étant donnée, trouver pareillement les cycles nommés ci-dessus.

3° Depuis 625, trouver l'épacte julienne, & depuis 1582, trouver l'épacte grégorienne pour une année quelconque.

4°. Trouver l'âge de la lune pour tous les jours de l'année.

5°. Déterminer la lune paschale.

6°. Trouver la lettre dominicale ; trouver aussi à quelle férie de la semaine tombe le premier jour de chaque mois de l'année.

7°. Quand est arrivé ou quand arrivera le jour de Pâques.

8°. Déterminer les limites au delà desquelles on ne peut célébrer le jour de Pâques.

9°. Enfin, le jour de Pâques étant trouvé, la distribution des fêtes de l'année n'a plus rien qui doive embarrasser.

DE L'ASTRONOMIE PHYSIQUE.

TOUTE l'Astronomie physique est à-peu-près renfermée dans les célebres *Principes* de Newton. Nous n'avons pu qu'effleurer ici la théorie sublime que ce Grand Homme y expose. C'est pourquoi nous avons vu succinctement les loix de Kepler, les loix de l'attraction rélativement aux masses & aux distances, les tourbillons simples & composés, ou, ce qui revient au même, le systême de l'impulsion. Et nous nous sommes dit; « On découvre, tout les jours, de nouvelles » cometes qui se fraient, dans les cieux, des routes nouvelles & en tout sens. Vers quelque » région qu'elles aillent, elles ont un mouvement très-rapide : donc le plein des Carthésiens n'a » pas lieu : donc on doit admettre le vuide des Newtoniens : donc le systême de l'impulsion doit » faire place à celui de l'attraction.

En effet, supposons pour un moment, avec l'illustre Newton, que Dieu ait créé, dans l'immensité du vuide, tous ces grands corps que nous voyons rouler si majestueusement sur nos têtes, que sa sagesse ait établi une loi générale de gravitation mutuelle qui agisse en raison composée de la directe des masses & de l'inverse du quarré des distances; enfin, que Dieu ait projetté, sous différens angles, à différentes distances & vers différents points du ciel, les planetes & les cometes, autour du soleil, avec une vitesse proportionelle à la force d'attraction actuelle; alors chacun de ces corps décrira une ellipse plus ou moins allongée autour du centre commun de gravité; le soleil occupera sensiblement le foyer de toutes ces ellipses : pendant un intervalle de tems assez considérable, les planetes retraceront dans les cieux la même route; elles conserveront leur mouvement de rotation sur elles-même & le parallélisme de leur axe ; de-là, l'excentricité de l'orbite des planetes, l'immobilité apparente de leurs aphélies & de leurs nœuds, la rétrogradation presqu'insensible, mais réelle, & la progression un peu plus grande de leurs aphélies, la rétrogradation plus ou moins sensible de leurs nœuds. Ce que nous venons de dire, en parlant des aphélies, ne convient qu'aux planettes inférieures à saturne, puisque le contraire arrive à l'égard de cette derniere planette; ce qui soigneusement observé est devenu le triomphe du Newtonianisme; de-là encore, la dispersion des apsides vers tous les points du ciel; delà, l'observation des loix de Kepler pour toutes les planetes, si on en excepte (*a*) la lune; delà, les fréquentes apparitions & la prompte disparition des cometes, l'inclinaison de leur orbite, la direction de leur course, leur barbe, leur chevelure & leur queue; delà, la direction sensible des apogées de la lune, la retrogradation non moins sensible de ses nœuds, ses inégalités en tout genre; delà enfin, la précession des équinoxes, l'aberration des étoiles fixes, leur nutation ou plus éxactement la nutation de l'axe de la terre produite par l'action de la lune; le mouvement général de la latitude célêste, ou la diminution de l'obliquité de l'écliptique, les changemens propres & particuliers à quelques étoiles, telle qu'*Arcturus*, *Sirius*, *Aldebaran*, *Rigel*, &c. & pour finir par des faits plus sensibles, les inégalités prodigieuses de la comete de 1759, dont la derniere révolution s'est trouvée de 585 jours plus longue que la précédente, suivant le calcul des attraction de jupiter & de saturne; les inégalités des satellites de jupiter; l'applatissement de jupiter & de la terre ; l'attraction des montagnes sur le pendule; les différens phénomenes de tems & de lieux des marées, la chûte des corps graves sur la terre; la réfraction elle-même des rayons de la lumiere au passage oblique d'un milieu dans un autre milieu de densité différente.

L'explication heureuse de ces phénomenes, & de mille autres de même nature, qui jusqu'à présent paroissoient absolument incompréhensibles, donne un grand air de vérité au systême de l'attraction : nous embrasserons donc ce systhême, comme nous avons embrassé celui de Copernic, & nous finirons cet article, en faisant observer que Newton a dû, la balance à la main, déterminer les masses & les densités, respectives des Planettes, afin d'en conclure, avec précision, l'intensité des troubles que ces grands corps peuvent, à leur rencontre, exercer les uns sur les autres. Sa méthode étoit aussi facile qu'ingénieuse, & nous l'avons apprise avec plaisir.

DE L'ÉCONOMIE ANIMALE.

NOUS nous proposons d'examiner ici, en peu de mots, quelles sont les différentes parties, quelles sont aussi les différentes fonctions de cette machine merveilleuse à laquelle nous

(*a*) Exception qui favorise encore le systême de Newton.

sommes si étroitement unis, & que tout le monde connoît sous le nom de *Corps humain*. Est-il, pour un Physicien, de connoissance plus intéressante ?

On ne reconnoît actuellement que deux sortes de parties dans les corps de l'homme, savoir, les *solides* & les *fluides*.

1°. On range dans la classe des solides, les *os*, les *cartilages*, les *tendons*, les *membranes*, les *vaisseaux*.... On croit assez universellement que toutes ces parties tirent leur origine d'une seule & même partie très-élastique, qu'on appelle *fibre premiere*, laquelle, au rapport du célebre *de Haller*, a la forme d'un cheveu ou d'un petit cylindre, & résulte de parties terrestres, unies entr'elles par un espece de *gluten* composé d'huile & d'eau. Outre l'élasticité qui convient à toutes ces fibres, avant & après la mort, on reconnoît encore, dans celles qui sont sensibles & irritables, une action particuliere nommée *tonique*, qui existe ou augmente sans aucune tension précédente, & qui périt avec l'animal. Quelle est la cause de l'élasticité & du ton des fibres ? c'est ce qu'il ne nous est pas donné d'expliquer.

2°. On divise les fluides en plusieurs classes : dans la premiere classe sont renfermées les *humeurs nutritives*, le *chyle*, le *sang* & la *lymphe* : dans la seconde, les *humeurs récrémentitielles*, la *salive*, le *suc gastrique*, le *suc pancréatique*, la *bile*, quelquefois la *graisse*, &c.... dans la troisieme, les *humeurs excrémentitielles*, la *matiere de la transpiration*, *celle de la sueur*, le *mucus du nez*, le *cerumen des oreilles*, les *larmes* : dans la quatrieme enfin, les humeurs qu'on regarde comme *neutres* ; telles sont les *humeurs renfermées dans le globe de l'œil*, la *graisse*, la *moëlle*, la *synovie*.

Les fonctions du corps de l'homme sont de trois especes. On appelle *fonctions vitales*, celles qui sont absolument nécessaires à l'entretien de la vie animale ; telles sont la *respiration*, la *circulation du sang & des autres humeurs*.

On appelle *fonctions naturelles*, celles qui, comme la *digestion* ou la *chylification*, l'*hématose* ou *sanguification*, la *secrétion*, la *nutrition*.... sont nécessaires, sinon à chaque instant, du moins de temps à autre, pour la conservation & l'accroissement du corps.

On appelle enfin *fonctions animales*, l'exercice des sens, par le ministere desquels l'ame est avertie de tout ce qui se passe autour d'elle, & entre en communication avec tous les êtres de l'univers.

Après ces généralités, nous sommes entrés dans quelques détails, & nous avons commencé par la connoissance du squelette. Nous avons adopté la distribution des os faite par M. *Lecat*, & nous comptons avec lui soixante os à la tête, soixante au tronc, soixante aux extrémités supérieures, & soixante aux extrémités inférieures. Si l'on ajoûte à ces os l'*os hyoïde*, les *os sezamoïdes*, & les *os vormiens*, on aura un dénombrement complet des parties les plus dures & les plus solides de notre corps, de ces parties, dis-je, dont l'usage est de soutenir la machine, de contenir & de garantir les visceres & les organes, ou de servir à quelqu'action. Nous avons vu rapidement la structure, tant intérieure qu'extérieure, de chacun de ces os, leurs connexions entr'eux, c'est-à-dire, leurs différentes especes d'articulation & de symphise ; & nous avons fini cet article par l'examen des trois principaux systêmes qu'on a imaginés sur la formation des os. Les uns, ce sont les partisans du premier systême, parmi lesquels on doit, sur-tout, distinguer *Boerrhaave* & le Docteur *de Haller* : ayant remarqué que différens fluides s'épaississent peu-à-peu, & parviennent insensiblement jusqu'à former des solides, n'admettent, pour la formation des os, qu'un seul & même suc gélatineux, qui prend successivement différens degrés de consistance. M. *Duhamel*, auteur du second systême, y fait intervenir le périoste, & veut que ses lames deviennent successivement osseuses, à-peu-près comme les feuillets de ce qu'on appelle le *livre* dans l'écorce des arbres, s'endurcissent & deviennent bois à leur tour. Vient enfin M. *Hérissant*, qui, par des expériences délicates & répétées avec soin, a découvert que les os sont composés de quatre substances différentes ; 1°. d'un parenchyme vraiment cartilagineux ; 2°. d'une substance purement terreuse & cretacée ; 3°. d'un suc visqueux & mucilagineux, qui colle intimement la substance cretacée à la substance cartilagineuse ; 4°. enfin, d'un tissu cellulaire & membraneux, qui est une production du périoste. En conséquence de ce systême, on explique facilement les altérations assez fréquentes, qui arrivent

rivent à la substance des os, & entr'autres, le ramollissement complet qu'on observa à Paris, 1752, dans la personne de la femme *Supiot*.

Le périoste est une membrane extrêmement sensible, qui recouvre & accompagne tous les jusques dans les articulations exclusivement. Nous venons de voir que cette substance envoie s productions dans l'intérieur des os, sans doute pour y porter les fluides nourriciers, qui les vifient, & qui forment le *calus* si propre à la réunion des parties fracturées.

Les *muscles*, ou les puissances motrices des différentes parties du corps de l'homme, ne sont e ce que le peuple connoît sous le nom de *chair* dans les animaux. Le muscle en général est it de l'assemblage de plusieurs fibres qui sont plus resserrées vers les extrémités qu'au milieu. n distingue, dans un muscle, son ventre, lequel n'est pas toujours au centre de la figure, ses extrémités, connues sous le nom de *tête* & de *queue*, & qu'on appelle *tendons*, lorsqu'elles terminent en cordons, & *aponévroses*, lorsqu'elles s'épanouissent sous la forme de membranes. temps ne nous a pas permis d'étendre nos recherches sur cet objet, non plus que sur les ivans. Aussi avons-nous passé la nomenclature des muscles, & vu très-superficiellement les incipaux systêmes qu'on a imaginés pour expliquer l'action musculaire.

Le *cœur* est de tous les muscles celui qui mérite le plus notre attention. Ce muscle est creux; a la figure d'un cône: il est renfermé dans un sac membraneux, connu sous le nom de *péricarde*. *cœur* & le *péricarde* sont placés dans la duplicature du *médiastin*, membrane qui divise la oitrine en deux *cavités*. Les fibres du cœur sont entrelacées & croisées entr'elles, de la maniere plus propre à exécuter les mouvemens de *systole* & de *diastole* si nécessaires à la vie.

Le cœur est divisé intérieurement par le *septum medium*, espece de cloison charnue, en eux cavités, plus longues que larges, nommées *ventricules*. Il est surmonté de deux *oreillettes*, pece de sacs, en partie charnus, en partie membraneux, unis entr'eux par une cloison terne, à laquelle on remarque l'empreinte du *trou bottal*, & quelquefois aussi le *trou bottal* sez négligemment fermé. Les oreillettes, distinguées en *droite* & en *gauche*, ou mieux en *ntérieure* & en *postérieure*, recoivent le sang que leur rapportent les veines *cave* & *pulmonaires*, le font passer au ventricule droit & gauche, qui le distribuent, à leur tour, dans toutes s parties du corps, par l'*aorte* & l'*artere pulmonaire*. Nous avons suivi, jusqu'à un certain oint, les divisions & sous-divisions des *veines* & des *arteres*, les routes de la circulation du *ng*, & ses principaux avantages.

Pendant cette circulation, la masse du sang diminue & s'appauvrit par la *transpiration*, les *secrétions* & la *nutrition*; mais aussi elle répare ses pertes, par la *digestion*, la *respiration* & la *circulation* le-même. Nous allons dire un mot de chacune de ces fonctions.

1°. La transpiration est une excrétion presqu'insensible, mais universelle, qui se fait par s pores de toute l'habitude du corps. Ces pores sont en si grand nombre, & l'excrétion evient si abondante, avec le temps, que, si les alimens que l'on prend en un jour, pésent uit livres, la perte qu'on en fait par la transpiration, monte, au rapport de *Sanctorius*, isqu'à cinq livres, dans les pays chauds.

2°. Pour expliquer comment s'operent les secrétions; comment, par exemple, la *bile* se épare dans le foie, l'*urine* dans les reins, le *suc gastrique* dans les glandes de l'estomac. Les ns, avec *Borelli*, mettent dans chaque glande un *ferment* ou *levain* particulier, prêt à communiquer aux fluides qui y abordent, la qualité qui leur est propre. D'autres, après *Winslow*, ont ecours à une espece de duvet, *tomentum*, qui ne laissera passer & filtrer qu'une liqueur analogue celle dont il aura été originairement imbibé. Ceux-ci font des vaisseaux secrétoires, comme utant de cribles ou de filtres particuliers, dans lesquels la figure des trous répond à la figure es liqueurs qu'ils doivent séparer: ceux-là enfin, aux vaisseaux secrétoires, dans lesquels s orifices doivent être différens pour les glandes différentes, ajoutent encore des vaisseaux ollatéraux, dont le diametre va toujours décroissant, dans lesquels, par conséquent, peuvent faire continuellement de nouvelles secrétions, qui ne laisseront enfin, dans chaque résevoir, u'un fluide d'une même espece.

3°. Quant à la nutrition, l'expérience de *Van-Helmont*, sur une branche de saule, & la maiere dont croissent les plantes, peuvent aider à concevoir comment, dans le sang & dans la lymphe seule, peut se trouver tout ce qui est nécessaire à la formation & à l'entretien de tout les parties solides du corps.

4°. Veut-on concevoir le méchanisme de la digestion, il faut d'abord connoître les divers instr mens que notre corps met en usage pour cette importante fonction. Nous avons donc jetté un co d'œil sur la structure de l'*œsophage*, de l'*estomac* & des *intestins*, sur celle du *mésantere*, des *vein lactées*, du *pancréas d'Asellius*, des *veines lactées secondaires*, du *réservoir de Pecquet*, & en du *canal thorachique*, qui vient se décharger dans la veine *sous-claviere gauche*: puis, nous avo vu les principaux systêmes qu'on a imaginés ici, comme par-tout ailleurs.

Les uns, avec *Hyppocrate*, faisoient autrefois de notre estomac un ventre pourrissant; d'autr depuis, & sur-tout M. *Astruc*, croyant reconnoître dans la digestion les phénomenes qu' observe dans la fermentation de la pâte & du moût, ont recours à la *bile*, aux *fermentation macérations* & *précipitations chymiques*; d'autres au contraire, avec *Pitcarne* & le céléb *Hecquet*, persuadés que l'estomac est une meule philosophique & animée, qui agit sans écla opere sans violence & remue sans douleur, prétendent que les dents, l'œsophage & l'est mac se succedent mutuellement, pour opérer une trituration parfaite, & convertir les alime en une crême fine & délicate: d'autres encore embrassent un systême, que nous pouvo appeller *mixte*, puisqu'ils admettent une espece de fermentation, une altération spontan des alimens, une trituration légere, une vraie coction, un amollissement, une dissoluti occasionnée par les sucs digestifs.

On a imaginé, de nos jours, un autre systême chymique sur la digestion: on y prétend q les parties alimentaires préexistent dans les alimens que nous prenons; qu'elles y sont contenu comme un extrait, comme la résine l'est dans le bois, comme le métal dans sa mine, & qu'ai la digestion consiste uniquement à séparer, par un menstrue approprié, les sucs nour ciers d'avec ceux qui ne le sont pas. Quoi qu'il en soit de ces systêmes, il est sûr, d'apr les expériences de M. *de Réaumur*, que tous les estomacs ne digérent pas de la même m niere, & que celui de l'homme le fait par une vraie dissolution; delà, la nécessité des su salivaires & d'une lente mastication, si l'on veut éviter les digestions difficiles & laborieuse & prévenir les accidens les plus fâcheux.

Par tout ce que nous venons de dire, nos alimens ne sont encore convertis qu'en un bouill très-fine: cette bouillie, mêlée avec la bile & le suc pancréatique, qui se déchargent dans le *du denum*, reçoit de nouveaux degrés de perfection, en passant par les couloirs qu'elle rencontre long des intestins: elle mérite ici le nom de *chyle*. Le chyle, espece d'émulsion animale, est u liqueur onctueuse, sans odeur, sans saveur, d'un blanc laiteux, qui ne perd sa couleur & s propriétés, que lorsqu'elle s'est enfin rendue dans la veine sous-claviere, & que, mêlée dans masse totale du sang, elle a passé plusieurs fois par le cœur & par les poumons.

5°. La respiration comprend deux mouvemens, l'*inspiration* & l'*expiration*. D'où vient la pr miere inspiration? c'est ce que nous ignorons. Rendons-nous, par l'expiration, autant d'a que nous en avons inspiré? plusieurs expériences & l'analogie font croire que non. Quels muscl produisent alternativement l'inspiration & l'expiration? le *dentelé supérieur-postérieur*, l *surcostaux* & le *diaphragme d'une part*, & de l'autre, les *intercostaux*, les *triangulaires du ste num*, & les deux *dentelés inférieurs*. Quel est l'organe de la respiration? le *poumon*, visce d'un volume très-considérable, divisé en deux parties par le médiastin, & ces parties elle mêmes sous-divisées en *lobes supérieurs* & *lobes inférieurs*: ces lobes sont composés d'une inf nité de petits lobules, & d'un tissu cellulaire qui les entoure: chaque petit lobule est sous divisé en une infinité de petites cellules d'inégale grandeur, & de figure assez irréguliere, q communiquent entr'elles, & avec un petit vaisseau capillaire bronchique. Observez ici qu les tuniques de la *trachée-artere*, étant arrivées, à la quatrieme vertebre du dos, se diviser en deux branches, & que ces branches, à leur entrée dans le poumon, fournissent, en tou sens, cette multitude de rameaux capillaires dont nous venons de parler. Le tissu cellulaire qui envelope les lobules du poumon, est formé en réseau, principalement par l'expansio de l'artere & de la veine pulmonaire; car on y remarque encore l'artere & la veine bronchial Ce réseau admirable, après s'être répandu dans toute la substance du poumon, s'épanouit su la surface de ce viscere. On peut concevoir maintenant de quelle maniere s'exécute la respiration, & ce que devient une grande partie de l'air que nous inspirons; par conséquent encore, quels sont les effets de l'air sur l'économie animale. Nous n'indiquerons que les principaux. Un des premiers, sans doute, est de diviser, d'atténuer & de mêler plus intimement les différentes humeurs qui entrent dans la composition du sang, &, par conséquent, de l'améliorer. Le second est de rafraîchir la masse du sang, qui, à son entrée dans le poumon, a dû acquérir un degré de chaleur beaucoup au-delà de celui qui lui est nécessaire.

Nous ne nous sommes jamais proposé un cours entier d'Anatomie, c'est pourquoi nous avons terminé nos connoissances en ce genre, par une courte description du *cerveau*, du *cervelet*, de la *moëlle allongée* & de la *moëlle épiniere*; par l'énumeration des nerfs de la premiere & de la seconde classe; enfin, par l'examen des organes de nos sens, qui ont le plus de rapport à la Physique. Nous sommes donc en état de faire voir que l'*œil* est une vraie lunette acromatique; que le *larinx* renferme un instrument à vent & à cordes; & l'*oreille*, un clavessin parfaitement assorti.

DE LA CHYMIE.

I.

LA Chymie est une science expérimentale, qui a pour objet la connoissance des principes & des propriétés de tous les corps de la nature, leur analyse ou décomposition, & les diverses combinaisons qu'on peut faire de ces corps ou de leurs principes, les uns avec les autres, pour former de nouveaux composés. La Chymie est donc une partie essentielle & fondamentale de la Physique. On sentira l'utilité & l'excellence de la Chymie, pour peu qu'on veuille bien observer combien lui sont redevables, & combien doivent encore attendre d'elle l'Économie animale, la Médecine, l'Histoire naturelle, (*a*) & tous les Arts qui ne dépendent pas des Mathématiques, & qui sont cependant si utiles & même si nécessaires à la Société. (*b*) Pour connoître plus facilement & plus promptement les principes & les propriétés de tous les corps de la nature, nous allons examiner d'abord les substances les moins composées, le *Feu*, l'*Air*, l'*Eau*, la *Terre*, les *Sels*, le *Soufre*, les *Métaux*.... & delà nous nous éleverons, si le temps nous le permet, à la connoissance de celles qui le sont davantage. La Chymie n'est point encore assez avancée, pour décider si l'on doit metre, ou non, au nombre des *principes primitifs*, des *élémens* proprement dits, le *Feu*, l'*Air*, l'*Eau*, & la *Terre*. Voyons du moins ce que nos sens & les observations des plus habiles Chymistes (*c*)

(*a*) Tout recemment encore à Paris le College des Apothicaires vient de reprendre en son Jardin, rue des Arbalêtes, le cours de Chymie qu'il y professoit autrefois. Il y a ajouté un cours de Pharmacie & d'Histoire naturelle. On peut donc dire que la Chymie est actuellement en France autant & plus qu'en Allemagne & en Angleterre la science en faveur. On compteroit facilement dans Paris une douzaine de cours de Chymie particuliers, outre cinq grands Cours publics qui sont sous la protection immediate du Ministere & à chacun dequels assistent presque toujours 4 à 500 Auditeurs. Eh! quel Physicien, quel Amateur en effet pourroit se refuser au plaisir d'aller entendre MM. Macquer & Rouelle, M. d'Arcet M. Bucquet, M. Perhile, MM. Marchy, Mittouard, Broignard &c. M. Sage, MM. Baumé, Cadet, Fourcy, Parmentier, Laplanche & plusieurs autres, dont les noms très connus & tres dignes de l'être ne se presentent pas maintenant à ma mémoire ?

(*b*) De ce nombre sont spécialement l'art de préparer & de mêler les médicamens dans la pharmacie; l'art de découvrir, d'essayer & d'exploiter les mines; celui d'allier, de séparer & d'affiner les métaux dans l'orfevrerie, dans les monnoies, dans l'acierie, enfin dans la métallurgie; l'art de faire des poteries de toute espece; de composer des verres, des crystaux, des émaux, des faïances, des porcelaines, d'imiter les pierres précieuses; .... l'art de préparer des couleurs de toutes les nuances, & de les appliquer, le plus solidement qu'il est possible, dans la *teinture*, dans la *peinture*; l'art de faire & de conserver les vins, les bieres, les vinaigres, de distiller les esprits ardens, de composer les essences, les parfums, les eaux spiritueuses, les élixirs; de faire l'or potable de Stahl, celui de Mlle Grimaldi; .... l'art de faire & de raffiner le sucre; celui de fabriquer les savons; l'art de tirer des pyrites & des mines l'arsenic, le soufre, le vitriol, l'alun: .... de préparer le vert-de-gris, le sel ammoniac, l'huile de vitriol, le safre, le bleu d'azur, le bleu de Prusse, la céruse, le minium; .... l'art de fabriquer la poudre à canon; de faire le pyrophore, le phosphore d'urine; .... enfin, l'art lui-même d'améliorer les terres.

(*c*) Il est ici pour nous un devoir bien doux à remplir, c'est celui de réconnoître que nos éleves doivent, cette année, tout ce qu'ils savent de Chymie aux talens, aux soins, au zele tout patriotique de M. d'Hervillez Docteur en Médecine & de M. l'Apostolle Me. en Pharmacie, dans le *Cours de Chymie expérimentale, raisonnée & appliquée aux Arts*, que ces habiles Chymistes ont la générosité de faire à leurs propres dépens, dans une des salles de MM. les Jacobins. Puisse la maniere dont nos éleves répondront sur toutes les parties de cette science annoncer la clarté, la précision & l'intérêt qui regnoient constamment dans les leçons qu'ils ont reçues, & faire ainsi la noble récompense des travaux de leurs dignes Maitres.

Si nos vœux sont remplis, mille actions de graces en soient encore rendues à Mgr. le Comte d'Agay, Intendant de Picardie, qui en protégeant dans Amiens un *Cours public de Chymie*, procure à la Ville un nouveau genre de bienfaits dont les amateurs sentent deja tout le prix avec nous, & une nouvelle source d'instructions, dont les Artistes & la Province toute entiere, rétireront dans peu des avantages inestimables.

nous ont appris sur les propriétés de ces substances. Nous les supposerons ici dans le plus grand degré de pureté où l'on puisse les avoir.

I I.

DU FEU.

LE Feu pur & libre, tel que le fournissent les rayons du soleil, le choc du bricquet, le frottement rapide de deux corps combustibles l'un contre l'autre.... est une substance matérielle, extrêmement subtile & déliée, toujours en mouvement, la seule peut-être qui soit fluide de sa nature, & en ce cas, vraie cause de la fluidité, plus ou moins grande, de tous les corps & de l'air lui-même. Chaleur, lumiere, dilatation sur-tout, & raréfaction tant des fluides que des solides.... fusion, combustion;.... effets naturels du feu assez connus, & qui le rendent, dans la Chymie, Agent aussi universel qu'il l'est dans la nature. Mais la matiere du feu est-elle homogene? est-elle pesante? existe-t-elle par-tout? y en a-t-il toujours un égale quantité sur la terre? Comment se fait l'acte de combustion? comment se propage-t-il? toutes questions, pour la solution desquelles il faudroit au moins connoître parfaitement L'*acidum pingue* de Meyer, L'*acide phosphorique* de M. Sage, le *phlogistique* de Sthaal. Celui-ci, principe des odeurs & des couleurs, toujours de même nature, de quelque matiere qu'on le retire, est, si l'on en croit Boerrhaave & Sthaal, la matiere elle-même du feu élémentaire, combinée vraisemblablement avec une terre très-subtile, qui le fixe, & qui le rend alors très-propre à entrer, comme principe, dans la composition d'une infinité de corps, auxquels il donne la propriété d'être inflammables. En vain essayeriez-vous de retenir pur, & sans mêlange le phlogistique; vous ne le verrez fixé nulle part, dans un état de pureté plus grande que dans les charbons, dans les métaux, dans le soufre, dans l'esprit-de-vin. Redoutez ici un phlogistique plus pur, plus abondant & plus libre, je veux dire, les vapeurs très-volatiles & non-enflammées, qui s'exhalent quelquefois des corps combustibles; celles qui se dégagent des matieres qui subissent ou la fermentation spiritueuse, ou la putride; celles enfin qui circulent dans les mines, & dans les lieux souterreins. Défiez-vous donc de la vapeur invisible, & si souvent mortelle, qu'exhalent le soufre, le charbon, la braise, une lampe enfin allumée ou éteinte dans de petits endroits trop exactement fermés. Si la vapeur vous a saisi, & qu'il en soit temps encore, qu'un ami charitable vous porte promptement au grand air, & vous fasse respirer force vinaigre.

I I I.

DE L'AIR.

L'AIR, cet immense océan, réceptacle universel de toutes les exhalaisons de la terre qui est tout-à-la-fois le véhicule du son, celui des odeurs, l'ame, en quelque sorte, du feu, & un principe continuellement nécessaire à la vie des animaux, à la végétation des plantes, l'Air est une substance diaphane, pesante, élastique, capable de condensation & de raréfaction homogene peut-être, & peut-être aussi fluide par elle-même. Autant est nécessaire à la vie & à la santé de l'homme un air libre & frais, ou légérement humide, autant lui est contraire un air trop sec & trop chaud, & sur-tout celui qui, renfermé dans un petit espace, ne circule pas librement. Gardez-vous donc d'entrer sans précaution, dans des fosses souterraines trop long-temps fermées. Fuyez ces cabinets trop resserrés, ces alcoves trop enfoncées, ces lieux d'assemblée aujourd'hui, si fort à la mode, où l'on ne respire qu'un air chaud & infect, chargé des vapeurs de la transpiration; vapeurs d'autant plus pernicieuses, (*a*) qu'elles sont plus condensées dans un petit endroit hermétiquement fermé, & qu'on les respire plus long-temps. C'est pour corriger un air à-peu-près semblable, qu'on a imaginé, de nos jours, le

(*a*) Les nouvelles experiences sur l'air fixe que l'on doit au docteur Priestley, a Mr. Lavoisier, a Mr. le Duc de Chaulnes, nous mettent en état de démontrer d'une maniere sensible la vérité de toutes ces assertions & de faire voir, a un millieme près, de combien l'air d'une Salle de compagnie, l'air d'une chambre de malade, l'air d'un hopital, l'air d'un canton tout entier est plus ou moins salubre que l'air d'une autre Salle de compagnie, d'une autre &c.

Ventilateur, machine dont on ſe trouve très-bien dans les hôpitaux, & dans les navires où l'on en fait uſage.

IV.

DE L'EAU.

L'EAU parfaitement pure eſt un corps incompreſſible, tranſparent, ſans couleur, ſans odeur, ſans ſaveur, probablement ſolide & homogene, mais auſſi très-fuſible & très-volatile. A cauſe de cette derniere propriété, l'eau, quand elle eſt chauffée à l'air libre, eſt incapable de recevoir un degré de chaleur, ſupérieur à celui qu'elle a, lorſqu'elle bout à gros bouillons. Perſonne n'ignore les effets du digeſteur de Papin, des pompes à feu, de l'Éolipyle. Ces effets prouvent l'extrême chaleur & l'extrême dilatabilité, dont eſt ſuſceptible la vapeur de l'Eau contenue dans un vaſe exactement fermé. Delà, les exploſions terribles, les accidens funeſtes auxquels ſont expoſés ceux qui verſent des métaux fondus dans des moules, où ſe trouve la plus legere humidité. L'eau, & il en eſt de même de l'air, entre, comme principe conſtituant, dans la compoſition des végétaux & des animaux. Elle contribue à la formation des métaux, & n'entre aucunement ou que très-peu dans leur compoſition. Ainſi que l'air, elle eſt toujours chargée de parties étrangeres. Delà, les eaux crues, les eaux ſalées, les eaux minérales. L'eau la plus pure, & ſans doute la plus ſaine, eſt celle des rivieres (b) La voulez-vous dans un degré de pureté plus grand encore? Faites la diſtiller avec l'attention ordinaire aux Chymiſtes.

V.

DE LA TERRE.

LA Terre, la plus homogene, la plus élémentaire, eſt ſelon toute apparence, la matiere elle-même du diamant & du cryſtal parfaitement net, tranſparent & ſans couleur. Cette terre eſt la plus peſante, la plus dure, la plus infuſible, que l'on connoiſſe; on la croyoit auſſi la plus fixe & la plus apyre de toutes; mais les expériences encore récentes de MM. d'Arcet, Macquer, Roux, Baumé, Rouelle, Mittouard, &c. ſur des diamans de toute eſpece, font voir qu'on étoit dans l'erreur à cet égard. Exiſte-t-il, dans la nature, deux eſpeces differentes de terre? C'eſt ce que l'expérience apprendra peut-être un jour. En attendant, les Chymiſtes continueront de diviſer les terres en *terres vitrifiables* & en *terres calcaires*. Les terres vitrifiables ſont en maſſe, ou en pouſſiere plus ou moins groſſiere. Celles-ci ſont les ſables qui varient à l'infini, tant par leur couleur que par leur groſſeur. Les terres vitrifiables en maſſe ſont ou des pierres cryſtalliſées; 1°. tranſparentes & ſans couleur, le diamant & le cryſtal de roche; 2°. opaques en totalité ou en partie; 3°. colorées par des matieres phlogiſtiques ou métalliques, comme les topazes, ſtras, opales, giraſols, rubis, grenats, émeraudes, hyacinthes; ou des pierres non criſtalliſées, que l'on trouve en maſſe irréguliere; tels ſont les cailloux, les quarts, les grais..... Les terres & les pierres vitrifiables, lorſqu'elles ſont pures, n'ont ni odeur ni ſaveur; elles ſont indeſtructibles à l'air, à l'eau & au feu: elles peſent plus que les liqueurs, & leur dureté eſt aſſez grande pour faire feu contre l'acier; c'eſt par-là qu'on les diſtingue des terres & des pierres calcaires. Celles-ci ſont tendres & ſe laiſſent facilement entamer par la pointe du couteau; & la plupart s'imbibent d'eau lorſqu'on les y plonge. Les unes ſont en maſſes irrégulieres; leur caſſure eſt à grains plus ou moins poreux, à-peu-prés ſemblable à celle du ſucre; de ce nombre ſont le moëlon, les marbres blancs & colorés, les craies..... Les autres quoique proprement calcaires & abſorbantes, parce qu'elles ont été cryſtalliſées par l'eau, ont des facettes brillantes, ſont demi tranſparentes, compactes, très denſes, ne ſe laiſſent point pénétrer par l'eau, en un mot, ont toute l'apparence des terres vitrifiables; telles ſont l'albâtre & le ſpath calcaires.... Les ſtalactites, les coquillages, les coques d'œufs ſont encore des terres abſorbantes & calcaires. Toutes les terres & les pierres de

---

(b) C'eſt ce qu'on verra démontré d'une maniere ſatisfaiſante dans la *Diſſertation Phyſique, Chymique & Economique ſur la nature & la ſalubrité de l'eau de la Seine, par M. Parmentier, &c.* On lira cette Diſſertation, très-bien faite à tous égards, avec autant de profit que de plaiſir, dans le Journal intereſſant de Mr. l'Abbé Rozier, mois de Février 1775.

ce genre, lorſqu'elles ſont expoſées à la violence du feu, y perdent preſque toute leur eau, & par conſéquent beaucoup de leur poids, deviennent friables, & ſe convertiſſent en chaux vive, ce qu'on peut répéter autant de fois qu'on le juge à propos. Nous traiterons ici de l'*air fixe* des Anglois, de l'*acidum pingue* des Allemands, & de l'acide phoſphorique de M. Sage. (a) Verſez de l'eau ſur de la chaux, vous ferez ſucceſſivement ce qu'on appelle la *pâte*, le *lait*, l'*eau* & la *crême de chaux*. Cette crême eſt une ſubſtance ſalino-terreuſe, qui s'eſt formée pendant la calcination, au rapport de M. Baumé, par l'addition du phlogiſtique; d'où cet habile Chymiſte conclut qu'on peut faire, & dit avoir fait réellement de l'alkali fixe avec une terre calcaire, & ſuffiſante quantité de phlogiſtique. La chaux, traitée avec les alkalis tant fixes que volatiles, les dénature. Elle rend ces alkalis plus cauſtiques, plus fuſibles, plus déliqueſcens & plus propres à s'unir aux matieres huileuſes. Delà, la *leſſive des ſavonniers*, la pierre à cautere, l'eſprit volatil de ſel ammoniac.....

VI.

DES SUBSTANCES SALINES.

ON croit maintenant, avec aſſez de fondement, que les principes qui entrent dans la compoſition des ſels, ſoit acides, ſoit alkalis, ſont l'eau, la terre & quelque peu de phlogiſtique; dans certains auſſi l'air y entre pour beaucaup. Mais d'où vient cette diverſité qu'on remarque dans les ſuſtances ſalines? apparamment de la qualité du principe qui y domine. L'illuſtre Stahl a prétendu que tous les ſels n'étoient fonciérement que l'acide vitriolique, plus ou moins altéré. Avoit-il tort ou raiſon? c'eſt ce qui n'eſt point encore bien décidé. Il ſeroit trop long de chercher ici les différens ſels que l'on connoît, & ceux que l'on ſoupçonne pouvoir exiſter: nous le ferons de vive voix, ſi on le juge à propos. Diſons, en attendant, quelque choſe des acides minéraux, & de leurs propriétés.

1° Le premier & le plus univerſel de tous les acides paroît être *l'acide vitriolique*, auquel on a donné, aſſez mal-à-propos, le nom d'*huile de vitriol*; c'eſt une ſubſtance ſaline preſque toujours liquide, ſans couleur, ſans odeur, mais d'une ſaveur extrêmement aigre, & qui agace les dents. Cet acide peſe plus que l'eau, & moins que la terre: bien loin de s'évaporer, il attire puiſſamment l'humidité de l'air, il rougit facilement les teintures bleues des végétaux; acquiert, par ſon mêlange avec l'eau, une chaleur égale à celle de l'eau bouillante; prend, en un inſtant, une couleur brune, par l'addition des matieres huileuſes, d'un brin de paille,... & devient ſulfureux, lorſqu'il eſt uni avec du phlogiſtique actuellement embraſé: affoibli par l'eau, il s'unit avec les terres calcaires, s'en ſature, & forme la ſélénite; avec une terre vitrifiable, avec celle, par exemple, qu'on ſépare de la *liqueur des cailloux*, combiné en-deçà du terme de ſaturation, il forme l'argille; au-delà, il donne l'alun; & exactement ſaturé, il fournit un ſel, dont les cryſtaux ſont très-petits, blancs, plats, talqueux & doux au toucher, un ſel enfin ſans ſaveur, preſque indiſſoluble dans l'eau, & fort reſſemblant aux ſélénites calcaires (Obſervons ici, en paſſant, qu'il y a deux ſortes de criſtalliſations: on obtient l'une, par le *refroidiſſement*, & l'autre, par l'*évaporation*. N'en pourroit-on pas encore admettre une troiſieme eſpece, ſavoir, par *ſublimation*; comme il arrive, 1°. pour le ſel ſédatif, les fleurs de benjoin, les ſels volatils... 2°. pour le ſublimé corroſif, le ſel ammoniac... Obſervons encore qu'il entre, dans les cryſtaux ſalins, 1°. une eau principe du ſel; 2°. une eau néceſſaire à la criſtalliſation, & dont le ſel peut être dépouillé, ſans ceſſer d'être ſel; 3°. enfin, une eau de diſſolution, qui n'eſt qu'interpoſée entre les cryſtaux, & qu'on peut faire égoutter ſur le papier gris). La ſélénite & l'alun ſe décompoſent facilement par l'alkali fixe. Celui-ci,

---

(a) Nous ne pourrons gueres encore qu'expoſer les faits de part & d'autres, enoncer les théories auxquelles ils ont donné lieu, & répéter les experiences que nous avons vû faire, avec le plus grand interêt poſſible, à M. Broignard Apothicaire de Paris & habile Démonſtrateur de Chymie, & quelque temps auparavant a Mr. Sigaud de la Fond, Demonſtrateur de Phyſique expérimentale dans tous les colleges de l'Univerſité, le digne émule de M. Nollet, & de M. Briſſon de l'Academie des Sciences, & bien fait pour inſpirer à ſes Auditeurs le gout de la Phyſique & des Sciences, par la clarté, la methode & le fond inepuiſable d'erudition, d'agrement & d'inſtruction qui regnent dans toutes ſes leçons.

ombiné jusqu'au point de saturation avec l'acide vitriolique, donne un sel, dont les crystaux ont petits & taillés en pointes de diamant; c'est ce qu'on appelle le *tartre vitriolé*, l'*arcanum luplicatum*. Or, cet alkali fixe, dont nous venons de parler, est une substance saline, tirée des végétaux: on peut l'avoir sous une forme seche; & alors ce sel est blanc, & n'affecte aucune igure particuliere; il attire fortement l'humidité de l'air, se résout en liqueur, & est appellé quoiqu'assez mal-à-propos, *huile de tartre par défaillance*. L'alkali fixe a une saveur âcre, caustique & brûlante; il verdit les couleurs bleues des végétaux; dans les vaisseaux clos, il résiste à la derniere violence du feu, sans s'élever; mais à l'air libre, il se dissiperoit en vapeurs blanches très épaisses, & se dissiperoit encore plus promptement, s'il avoit un contact immédiat avec le phlogistique embrasé. Un mêlange de six ou sept parties de sable, & d'une seule d'alkali fixe, poussé à un feu violent, donne tantôt du verre, tantôt du crystal, selon que le produit qui en résulte, est plus ou moins pur. Le soufre est une substance d'un jaune pâle & citronné, d'une odeur assez désagréable, & qui lui est particuliere: il devient très électrique par le frottement; l'air & l'eau n'ont aucune action sur lui: & lorsqu'il est renfermé dans des vaisseaux clos, le feu ne peut que le sublimer en floccons, qu'on appelle *fleurs de soufre*. Depuis le célebre Stahl, on sait, à n'en point douter, que le soufre est un composé d'acide vitriolique, combiné avec le principe inflammable. Mr Brandt a même découvert depuis, que la proportion du phlogistique à celle de l'acide vitriolique est à-peu-près de 3 à 50. Nous indiquerons de vive voix, les autres propriétés sans nombre, du soufre, du foie de soufre, du baume de soufre: nous répeterons aussi la méthode dont on se sert pour faire du soufre tout semblable à celui que la nature nous fournit: nous y ajoûterons la théorie & la pratique du pyrophore.

2°. L'acide nitreux bien concentré est un acide fluor, de couleur rouge, orangée, d'une odeur forte & désagréable, & d'une saveur très-aigre: il laisse continuellement échapper des vapeurs rouges; quand il est affoibli avec une certaine quantité d'eau, on l'appelle *eau-forte* ou *esprit-de nitre*. Tout le monde connoît le Nitre quadrangulaire, le nitre à base terreuse, le crystal minéral, le nitre alkalisé, ou par les charbons, ou sans addition, le clissus de nitre. Veut-on avoir de l'esprit-de-nitre fumant? on peut, ou se servir de la méthode de *Glauber*, qui consiste à mettre, dans un ballon, deux parties de nitre en poudre, & une d'huile de vitriol, ou se servir d'une méthode équivalente & moins dangereuse, en distillant un mêlange de huit à dix parties d'argille avec une partie de nitre.

Quoique l'acide vitriolique soit le plus puissant des acides, & que, par conséquent, il décompose le nitre, il n'en est pas moins vrai que l'acide nitreux décompose, à son tour, le tartre vitriolé. On se sert encore de l'acide nitreux, pour déphlogistiquer & purifier l'huile de vitriol. 75 parties de nitre très-purifié, combinées avec 9 & demi de soufre, & 15 & demi de charbon, donnent ce qu'on appelle la *poudre à canon*. Les effets si connus de cette poudre, viennent, sans doute, de son inflammation subite, & de la quantité de soufre nitreux qui se forme alors. On peut rapporter à la même cause, l'explosion bruyante que fait une autre espece de poudre fulminante, qui résulte d'un mêlange de trois parties de nitre, de deux d'alkali, & d'une de soufre.

3°. L'acide marin, très concentré est un acide fluor, d'une couleur jaune citrine, d'une saveur très-aigre, d'une odeur assez agréable, tirant sur celle du safran: il laisse échapper continuellement des vapeurs blanches très-corrosives, & qui forment sur la peau une sensation de chaleur: cet acide est tiré du sel marin, qu'on décompose, ou par l'huile de vitriol, ou par l'argille; reste alors dans la cornue, un sel de Glauber. La base de ce sel, ainsi que la base du sel marin, est l'*alkali fixe minéral*, cet alkali, qu'on retire des cendres de la soude, du varec...... des plantes maritimes. L'acide marin, combiné avec l'acide nitreux, donne l'*eau régale*: on l'appelle ainsi, parce qu'elle est la seule qui dissolve l'or, le Roi des métaux: elle seule aussi dissout la platine & le régule d'antimoine. Pour ne point passer sous silence le borax, nous observerons qu'il résulte d'un sel neutre, appellé *sel sédatif*, qui fait fonction d'acide, & qui neutralise l'alkali marin. Les preuves de cette assertion seront aussi faciles que convaincantes.

VII.

DES SUBTANCES MÉTALLIQUES.

LES substances métalliques sont un composé de phlogistique & d'une terre, qui, vraisemblablement est propre à chaque métal; ce sont les corps les plus pesans de la nature: ils sont parfaitement opaques, & ont un brillant qui leur est propre: on les divise en *métaux parfaits*, en *imparfaits* & en *demi-métaux*. Les métaux parfaits sont ainsi nommés, parce qu'ils résistent à la derniere action du feu, sans se décomposer: de ce genre sont l'or, la platine & l'argent. Les métaux imparfaits ont plus ou moins de ductilité, ainsi que les métaux parfaits; mais l'action du feu les altere & les convertit en chaux métallique; tels sont le cuivre, l'étain, le plomb & le fer. Les demi-métaux n'ont point de ductilité, se calcinent & même se volatilisent au feu: de ce nombre sont le régule d'antimoine, le bismuth, le zinc, le régule de cobalt & le régule d'arsenic. Les demi-métaux & les métaux imparfaits ont cela de particulier, qu'ils exhalent chacun une odeur qui leur est propre: le mercure ou vif-argent mérite, par ses propriétés, de faire une classe à part.

Nous ne finirions pas, si nous allions parcourant toutes les propriétés qu'on a remarquées dans chacune des substances métalliques: il nous suffira d'observer les principales. Nous nous dispenserons aussi de décrire les métaux par leurs qualités sensibles, couleur, odeur, dureté, pesanteur..... La vue, les autres sens, & quelque peu d'usage, instruiront mieux que ne le feroient nos descriptions; il n'y a que l'eau régale, l'éther, & le foie de soufre, qui aient prise sur l'or: la platine aussi n'est dissoluble que dans l'eau régale; &, comme elle pese autant que l'or, on fera bien d'éprouver la dissolution d'or, en y versant un peu de dissolution de sel ammoniac, & la dissolution de platine, en y versant un peu de dissolution de vitriol de Mars. En cas d'alliage, il se fera, dans la premiere épreuve, un précipité d'un très-beau jaune, & dans la seconde, un précipité brun. On sait assez combièn fâcheuse est souvent l'explosion terrible de l'or fulminant..... Nous dirons ici un mot du procédé, selon lequel le célebre Stahl conjecture que Moïse, descendu de la montagne de Sinaï, brûla, réduisit en poudre, & fit boire aux Israélites le veau d'or qu'ils adoroient. L'acide nitreux dissout très-bien l'argent; delà les cristaux de lune, la pierre infernale..... Dans une dissolution d'argent faite par l'acide nitreux, verse-t-on de l'acide vitriolique ou de l'acide marin? on aura un vitriol de lune, ou une lune cornée. Enfin, tout le monde sait que le phlogistique ternit facilement l'argent. Le cuivre se rouille très-facilement; delà le verd-de-gris. Il faut que l'acide vitriolique & l'acide marin soient bouillans, pour dissoudre le cuivre. La premiere dissolution, étendue dans beaucoup d'eau, est d'un beau bleu, & donne des crystaux rhomboïdaux, nommés *vitriol de Chypre*..... la seconde de couleur verte, & fournit des crystaux aiguillés. L'acide nitreux, même froid, & l'eau régale, dissolvent très-facilement ce métal: le premier acide fournit une dissolution de très-belle couleur bleue, & donne un sel métallique en *magma*, qui ne se crystallise point, & qui, à l'air libre, se résout en liqueur: la dissolution, faite par l'eau régale, est d'un beau verd, & ne donne aucuns crystaux de sel. Le cuivre précipite l'argent dissout dans l'acide nitreux. Delà les Charlatans convertissent en lames d'argent les lames de cuivre, & en lames de cuivre les lames de fer, parce que le fer a encore plus d'affinité avec l'acide nitreux, que n'en a le cuivre lui-même. Tout le monde connoît le safran de Mars préparé à la rosée, l'æthiops martial, le vitriol verd, l'ochre, le colcothar, les boules de Nanci, & la facilité avec laquelle le fer se dissout dans l'acide nitreux, dans l'acide marin, dans l'eau régale. Qu'est-ce que l'acier? Comment le trempe-t-on? Quelle est la pratique, quelle est aussi la théorie du bleu de Prusse? Toutes questions auxquelles il est facile de répondre, depuis les belles expériences qu'ont faites sur le premier objet M. de Réaumur, & M. Macquer sur le second. L'acide marin concentré, & aidé de la chaleur, est le vrai dissolvant de l'étain: il perd alors sa couleur citrine, & cesse de fumer: il fournit des crystaux aiguillés, qu'on nomme *sel de Jupiter*. L'eau régale dissout aussi l'étain. L'acide nitreux & l'acide vitriolique le calcinent plutôt qu'ils ne le dissolvent; ils fournissent une chaux très-blanche, & d'une très-difficile réduction. Qui ne sait ce que c'est que la chaux & la potée d'étain, le précipité d'or d'or de *Caffius*, l'étain fulfuré, le bronze. On peut en dire autant de la chaux de plomb, du maffi-cot, du minium, de la litharge, du verre de plomb, du nitre faturnin, du vitriol de plomb, du plomb corné, de l'émail, enfin de la coupellation de l'or & de l'argent par le plomb. Le mercure a le blanc, le brillant & l'indeftructibilité de l'argent: expofé à un très-grand froid, il devient malléable, expofé long-temps à un feu modéré, fa furface fe calcine, & fe convertit en une poudre rouge, brillante, écailleufe, que l'on nomme *mercure précipité per fe:* diftillé avec l'huile de vitriol, il fournit une maffe cryftalline & très-blanche, qu'on nomme *vitriol de mercure.* Le vitriol de mercure, étendu dans une grande quantité d'eau bouillante, fe précipite en une poudre d'une belle couleur jaune & éclatante, qu'on appelle *turbith minéral.* Le mercure fe diffout facilement dans l'acide nitreux: delà on forme fur le cuivre une efpece d'argenture affez brillante, mais très-peu folide. Parties égales de vitriol mercuriel & de fel marin, mifes dans un matras fur le feu au bain de fable, fourniffent un des plus violens poifons que l'on connoiffe, le *fublimé corrofif.* Celui-ci, trituré avec du mercure coulant, & fublimé plufieurs fois, donnera d'abord le mercure doux, puis enfin la panacée mercurielle. Un mêlange de fublimé corrofif & d'étain, foumis à la diftillation, donne d'abord la liqueur fumante de Libavius, puis, le beurre d'étain folide, & au fond de la cornue, un mercure revivifié affez pur. En fuivant un procédé femblable, on fera le beurre d'antimoine, & il reftera, au fond de la cornue, du cinnabre d'antimoine, ou un mercure revivifié, felon qu'on aura employé l'antimoine ou fon régule. Le foufre & le mercure, triturés enfemble dans un mortier de verre, forment ce qu'on appelle *æthiops minéral;* & fublimés deux ou trois fois, donnent un cinnabre parfait. Ce cinnabre, broyé fur le porphyre, fournit à la peinture le beau vermillon dont elle fait ufage. Le mercure s'amalgame avec l'or, pour faire la dorure en or moulu; avec l'argent, pour faire l'argent haché, & l'arbre de Diane; avec l'étain, pour l'étamage des glaces, & auffi pour faire des boules qui fervent à purifier l'eau.

L'antimoine eft un minéral compofé de parties à-peu-près égales de régule & de foufre. On obtient le régule, en faifant fondre enfemble de l'antimoine crud, & des pointes de fer, ou en projettant par cuillerées, & à diverfes reprifes, dans un creufet rougi au feu, un mêlange fait d'antimoine, de tartre & de nitre. Si l'on fait calciner l'antimoine à une chaleur modérée, il refte une chaux grife, qui, pouffée à un feu violent, fe convertit en un verre tranfparent, & de couleur brune plus ou moins foncée, lequel pouffé à la fufion avec des matieres phlogiftiques, forme du régule d'antimoine.

L'antimoine, réduit en poudre impalpable, & projetté par petite quantité dans une liqueur alkaline bouillante, forme un vrai foie de foufre antimonié. La liqueur, filtrée & refroidie, fe trouble & dépofe une poudre rouge; c'eft le *kermès-minéral.* ..... Il n'y a que l'eau régale qui diffolve le régule d'antimoine, ce qui l'a fait regarder autrefois comme un or commencé......

Le bifmuth entre facilement en fufion. Lorfqu'il eft vitrifié, il s'infinue à travers les pores de la coupelle. Il peut donc, comme le plomb, fervir à coupeller les métaux parfaits. L'acide nitreux diffout facilement le bifmuth. Cette diffolution étendue dans l'eau, laiffe précipiter le bifmuth, fous la forme d'une poudre blanche. C'eft ce précipité ou *magiftere* de bifmuth qui, lavé & féché, donne le *blanc de fard* ou *blanc de perle.*

Le zinc eft prefque malléable: bien pénétré de feu, il donne une flamme vive, brillante & jaunâtre, & laiffe échapper une grande quantité de floccons blancs & neigeux, qu'on appelle *laine philofophique* ou *pompholix.* L'acide vitriolique diffout le zinc, avec beaucoup d'effervefcence, & donne un vitriol blanc, en cryftaux prefque femblables à ceux du fel de Glauber. Différentes proportions de cuivre rouge & de zinc donneront un cuivre jaune, un pinsbek, un tombac, un fimilor, ou métal de prince......

L'arfenic eft une chaux métallique, qui fe diffout dans prefque toutes les liqueurs huileufes, fpiritueufes & aqueufes: il fe combine facilement avec des matieres phlogiftiques; fe fublime en une fubftance écailleufe, brillante & friable, qui a l'opacité, la pefanteur & le brillant métallique; c'eft-là le régule d'arfenic. Les acides minéraux diffolvent affez mal l'arfenic & fon régule. Le foufre, combiné avec plus ou moins d'arfenic, donne un réalgar rouge ou jaune. Un mêlange d'arsenic & de nître distillé, après avoir fourni de l'acide nitreux, laisse voir, dans la cornue, une masse saline, qui se dissout entiérement dans l'eau, & qui fournit des crystaux réguliers, auxquels M. Macquer a donné le nom de *sel neutre arsenical*. Une dissolution de ce sel, versée dans une dissolution d'argent, fait précipiter l'argent, sous la forme d'une poudre rouge briquetée. L'arsenic, combiné avec le cuivre rouge, le rend aigre & cassant, & forme le tombac blanc, il donne pareillement à l'étain beaucoup de roideur & de dureté: le dispose en facettes d'un blanc argentin extrêmement brillant. Presque tout l'arsenic, qui est dans le commerce, nous vient de l'exploitation du cobalt. Le cobalt renferme beaucoup d'arsenic, du soufre & la substance demi-métallique, dont la terre ou chaux, nommé *saffre*, produit, lorsqu'elle est fondue avec quantité suffisante de sable, de cailloux & de quarts en poudre, une très-belle couleur bleue, inaltérable au feu, & qu'on emploie, avec succès, dans les émaux & les cristaux, pour imiter les pierres précieuses, opaques & transparentes, comme le *lapis-lazuli*, la *turquoise*, le *saphir*, l'*amethyste*... Le verre bleu, fait avec le saffre ou chaux de cobalt, & des matieres vitrifiables, est appellé *smalt*. Le smalt broyé forme ce que l'on nomme *azur* ou *bleu d'émail*. Le saffre, traité avec du phlogistique & des fondans, produit un demi-métal blanc, argentin, aigre, cassant, & d'une dureté médiocre, à-peu-près comme le régule d'antimoine; c'est le *régule de cobalt*: M. Brandt l'a fait connoître le premier aux Chymistes.

L'acide marin, à l'aide de la cornue & de la cohobation, vient à bout de dissoudre le régule de cobalt: cette dissolution, lorsqu'elle est froide, paroît d'une couleur verd-pâle, & d'un beau verd céladon, lorsqu'elle est chaude; c'est donc ici une véritable encre de sympathie de cobalt, cette encre, dont les propriétés sont aussi curieuses que difficiles à expliquer.

VIII.

NOUS dirons quelque chose, 1°. des pyrites & des mines, & de la maniere de les exploiter; 2°. des eaux thermales, des eaux minérales acidules, des eaux minérales savonneuses; 3°. des eaux salées; & de la maniere d'en extraire le sel commun, le sel de Glauber, le sel d'epsom; .... 4°. enfin, de la maniere de faire le salpêtre & de le raffiner. Après avoir parlé de la plupart des substances qui sont dans le regne minéral, il est juste que nous passions à celle du regne végétal. Et d'abord les végétaux sont des corps organisés qui tirent de la terre les principes & les sucs nécessaires à leur formation & à leur entretien: ces principes sont, entr'autres, l'air, le phlegme, la terre, le phlogistique, les sels essentiels, les huiles grasses, les huiles essentielles, l'esprit recteur, l'esprit acide, l'alkali volatil, l'alkali fixe végétal, l'alkali fixe minéral.... Nous répondrons sur tous ces objets, ainsi que sur la nature, les principes & les propriétés des émulsions, des mucilages, des gommes, des résines, des baumes, des bitumes, des savons, des savons minéraux, des sucs sucrés, du miel, de la cire.... Nous parlerons de l'inflammation des huiles grasses, des huiles essentielles, & de la maniere de faire promptement le savon de Starkeï. Nous donnerons une notion des trois états, ou, pour mieux dire, des trois degrés de la fermentation, & de leurs différens produits; par conséquent, 1°. des vins, des eaux-de-vie, des esprits-de-vin, des éthers vitrioliques, nitreux & marins, de l'eau de Rabel, de l'esprit de nitre dulcifié, de l'esprit-de-sel dulcifié, des teintures végétales spiritueuses, des vernis à l'esprit-de-vin, des eaux spiritueuses & aromatiques; .... puis, du tartre, du sel de Seignette, de la teinture de Mars, des boules de Nanci, du tartre émétique; 2°. du vinaigre distillé, de la terre foliée du tartre, ... du sel de craie, du verdet ou verd-de-gris, des crystaux de Vénus, du vinaigre radical, de l'éther acéteux, du blanc de céruse, du vinaigre, du sel & de l'esprit-de-Saturne; 3°. de l'alkali volatil, ... des sels ammoniacaux, vitrioliques, nitreux & marins.... Nous terminerons cet article, déja trop long, par l'analyse de quelques matieres animales, & d'abord par l'analyse du lait, de la crême, du beurre, du fromage, du petit-lait, du jaune & du blanc d'œuf; ensuite, par celle de la chair de bœuf, des os, du suif, de la graisse, & enfin, par la pratique & la théorie du phosphore d'Angleterre.

PHYSIQUE EXPÉRIMENTALE.

LA Physique expérimentale, fondée sur l'observation & sur le raisonnement, traite des propriétés générales de la matiere, *étendue*, *divisibilité*, *figure*, *impénétrabilité*, *porosité*, *compressibilité*, *élasticité* ; ... de la nature des fluides & des liquides ; des loix selon lesquelles les liqueurs homogenes ou hétérogenes agissent, soit entr'elles, soit aussi avec les solides ; ... des tubes capillaies.... de l'*air*, & principalement des propriétés, de la forme & de la hauteur de l'atmosphere terrestre ; de l'origine, de la construction & des usages de l'hygrometre, (*a*) du manometre, & sur-tout du barometre ; de la nature & de l'origine des météores aériens, vents, tempêtes, ouragans, trombes ; .... de la nature & des phénomenes du son, dans le corps sonore, dans le milieu qui le transmet, dans l'organe qui en reçoit l'impression ; de l'origine des échos simples & poliphones, de la formation de la voix ; de l'*eau*, & sur-tout de l'origine des fontaines ; .... des eaux de la mer ; de la nature & des effets de la glace & des vapeurs ; de la marmite de Papin ; de l'origine des météores aqueux, brouillards, nuages, rosées, serein, bruine, givre, neige, pluie, grêle, (*b*)... de la nature & de l'origine des tremblemens de terre ; du *feu*, de la maniere dont il se propage, des principaux moyens d'augmenter ou de diminuer son action ; de l'origine, de la construction & des usages du thermometre ; de l'origine des météores enflammés, feux folets, étoiles tombantes, éclairs, tonnerre ; des matras de Boulogne, des larmes bataviques.....

La Physique expérimentale se plaît encore à disserter sur la nature & sur l'origine de la lumiere ; sur les phosphores naturels & artificiels ; sur les loix fondamentales de l'optique, de la catoptrique & de la dioptrique ; sur les effets des verres & des miroirs plans, concaves, convexes, cylindriques ; sur la construction & les effets du microscope simple & composé, du télescope de refraction ou de réflexion, du polémoscope, de la chambre noire, de l'optique, de la lanterne magique, du microscope solaire ; sur les phénomenes de la vision & des couleurs ; sur les fonctions de l'œil, sur les presbytes, sur les myopes, sur les strabites ; sur la nature & sur les propriétés des couleurs primitives ; sur l'origine des météores lumineux, arcs-en-ciel, parélies, paraséienes, lumiere septentrionale ; lumiere zodiacale, aurore boréale ; sur les merveilles énigmatiques de l'aimant ; enfin, sur la nature & sur les merveilles sans nombre de l'électricité ; sur les cerfs volans électriques ; sur l'analogie du tonnerre, & de la matiere électrique ; sur les écoulemens électrisés dans les liqueurs, dans les végétaux & dans les animaux ; & quelquefois aussi sur les avantages que la Médecine peut retirer de l'électricité administrée à propos pour la paralysie, la goutte, les rhumatismes, les vertiges ; avantages, sans doute, réels, & tout autrement certains que la transmission des odeurs, & que les *intonacatures* ou purgations électriques, &c.

(*a*) Nous parlerons aussi de l'*Hygrometre comparable* de M. *de Luc*, Physicien-Géometre, Observateur éclairé, bien supérieur aux éloges que nous essayerions de lui donner, & qui a été couronné, à si juste titre, par l'Académie de cette Ville en 1775, pour des vues nouvelles, sur cet instrument météorologique, qui annonçoient véritablement l'homme de génie.

(*b*) Nous exposerons, avec plaisir, la théorie vraiment ingénieuse & vraisemblable de M. de Morveau, sur la formation de la grêle, en invitant nos Auditeurs à recourir à la dissertation elle-même, qu'ils trouveront insérée dans le Journal, toujours intéressant, de M. l'Abbé Rozier, mois de Janvier 1777, si ma mémoire me sert fidellement.

FIN.

La précipitation avec laquelle nous avons été obligés de faire imprimer ce Programme, doit nous faire trouver grace aux yeux des Lecteurs équitables, s'ils trouvent ici peu d'ordre, quelques répétitions, beaucoup de négligence & d'erreurs, & des fautes typographiques sans nombre.

www.ingramcontent.com/pod-product-compliance
Ingram Content Group UK Ltd.
Pitfield, Milton Keynes, MK11 3LW, UK
UKHW012128240726
13965UKWH00005B/2038

9 782013 473491